AF451644

RAPPORT

FAIT AU DIRECTOIRE

DU

DISTRICT

DE

CASTRES,

Le 24 Pluviofe, l'an 3me de la République, une & indiviſible,

Par le Citoyen LONCHAMPT, Artiſte vétérinaire, ſur la maladie des bêtes à laine, reconnue ſous le nom de Picote, Clavaux ou Clavelés, Commiſſaire nommé par l'Adminiſtration du Diſtrict, pour en reconnoître les cauſes, dans le canton de Dourgne & autres Municipalités adjacentes.

Imprimé par arrêté de cette Adminiſtration, ſur la demande de pluſieurs Municipalités.

LA petite vérole, ou picote, ou clavaux, ou clavelés, eſt une maladie particulière aux

bêtes à laine , & qu'on peut regarder comme fi fort contagieufe , que fouvent elle
dépeuple les plus nombreux troupeaux.

Cette maladie paroît indifféremment en
tout temps, c'eft-à-dire , tantôt dans une
faifon & tantôt dans une autre.

Cependant elle eft moins dangéreufe lorfqu'elle furvient pendant le temps d'une douce
température , que pendant l'excès du froid,
ou celui de la chaleur , qui deviennent
également nuifibles.

La petite vérole fe manifefte d'abord par
des puftules ou boutons enflammés, qui s'éle-
vent fur tout le corps de l'animal, & principalement fur les parties où il eft dépourvu de
laine , telle que l'intérieur des cuiffes, des
épaules, le bas-ventre, les mamelles, le def-
fous de la queue, le nez , &c.

L'éruption eft accélérée ou retardée felon
la température de l'air, felon la force &
l'âge de l'animal, & encore felon les cir-
conftances ou divers accidens qui furviennent:
cependant elle eft ordinairement complette
au quatrième ou cinquième jour; l'inflammation fuit la même marche, c'eft-à-dire,
que les boutons reftent durs & rouges
pendant quatre ou cinq jours, après lefquels
ils s'éteignent, blanchiffent & deviennent
mols, & alors la fuppuration s'établit, la peau
fe défféche & forme une croûte noirâtre, qui

tombe dans la fuite ; tels font à peu-près les cours & les accidens de cette maladie lorf-qu'elle eft bénigne ; mais il eft rare d'en trouver de ce cáraĉtère, fouvent l'inflammation eft fi confidérable, que les boutons noirciffent & fe défféchent ns fuppuration ; plus fouvent encore, & le danger n'eft pas moins grand lorfque l'éruption ne fe fait qu'imparfaitement ; les boutons font petits, blanchâtres & peu nombreux. Le cas le plus périlleux eft encore lorfqu'il fe trouve exiftant dans l'animal toute autre ma adie, à laquelle vient fe joindre la petite vér le, alors le danger eft éminent ; & la plus dangéreufe des maladies qui pu ffent y être adjointes, c'eft fans contredit la pourriture, ce qui n'eft que trop fréquent dans cet état.

Les vifcères affoiblis par la maladie n'ont plus la force de réfifter à la malignité du vice variolique, & des humeurs qui caufent l'inflammation ; j'ai vu plufieurs de ces animaux détruits par le concours de la réunion de ces deux maladies : après l'ouverture defquels, j'ai trouvé conftamment les poumons enflammés, couverts d'hydatides, ayant la couleur d'un pourpre noir & fouetté de taches livides, en paffant le doigt fur leur fuperficie, j'ai trouvé diftinĉtement des petits tubercules enfoncés dans fa fubftance ; le foie étoit également garni de concreffions en partie pierreufes, j'ai même fouvent rencontré des douves dans l'intérieur de la veine porte. Lorfque le bétail eft atteint de l'une & l'autre de ces maladies dernières, on voit qu'au moment de l'éruption une morve plus ou moins épaiffe, qui coule avec abondance par les narrines de l'animal, fa tête eft attaquée, fes paupières fe gonflent à tel point, que les yeux en font fermés ; il furvient ordinairement un rale humide, plus ou moins fort, une grande difficulé de refpirer, accompagnée d'un battement des flancs confidérable ; fon aleine devient puante, un dégoût abfolu lui furvient, & fous peu de jours l'animal périt.

C'eft à tous ces divers fymptômes fucceffifs, & fur-tout à l'abondance de la morve qui coule par les narrines de l'animal, qu'on reconnoît que la pourriture fe trouve jointe à la petite vérole.

Lorfque l'animal mange avec quelque apetit, & que l'éruption eft bien établie, on peut efpérer fa guérifon, malgré qu'il ait la tête attaquée, qu'elle foit devenue pefante, & que fes paupières foient gonflées, pourvu toutefois que la morve ne fe manifefte point, ou que du moins il en coule très-peu , & fans mauvaife odeur, & qu'elle conferve une couleur blanche

Il arrive fouvent que les joues & le nez de l'animal ne font pas exempts de bouton variolique, non plus que les yeux qui en font quelquefois attaqués : j'ai eu remarqué que dans les yeux il s'établiſſoit une ſuppuration très-prompte & très-abondante, laquelle, pour l'ordinaire, ſauvoit la vie de l'animal aux dépens de ſa vue.

C'eſt donc du complément de l'éruption & de ſa durée que dépend la bénignité ou la malignité de la petite vérole ; il eſt certain que la douce température de l'air influe beaucoup à ſa bénignité ; en effet, les grandes chaleurs ouvrent les pores, le froid les reſſerrent ; le chaud rend les fibres plus flexibles & plus laches, le froid les roidit ; cependant l'excès de la chaleur eſt en quelque façon plus dangéreuſe que l'excès du froid, parce que l'animal, que le chaud affoiblit, n'a pas la force d'expulſer le virus, ni de réſiſter aux dangers de cette maladie.

C'eſt donc un air légérement frais & modéré qui convient le mieux au ſuccès de cette maladie : pour ſe le procurer, il faut renouveller l'air avec précaution & prendre certaines meſures relatives à l'état des bêtes malades : à l'égard de celles qui ne le ſont pas encore, il eſt très-difficile de les préſerver des progrès de la contagion; ces effets maladifs & meurtriers ne ſont entièrement diſſipés qu'après une durée d'un mois & demi, à deux mois.

Tout le monde fait comment cette contagion fe propage & fe communique, il fuffit pour cela qu'un troupeau malade vienne rencontrer un troupeau qui ne l'eft pas, la promptitude de cette contagion eft telle, que quoique les troupeaux ne fe mêlent pas, celui qui étoit fain devient infeété, & fouvent même plus dangéreufement que l'autre; enfin, la maladie fe communique en plufieurs manières différentes, par l'habitation commune, par les vents qui tranfportent le vénin, par les pâturages communs, & par toute autre communication quelconque.

La petite vérole ne fe manifefte que par l'éruption des boutons, c'eft pourquoi lorfqu'on voit quelques bêtes, triftes & languiffantes, on doit attentivement les vifiter ; fi on apperçoit en elle des puftules, il faut les féparer des autres, les mettre dans une bergerie féparée, comme dans une infirmerie, non-feulement pour s'oppofer, autant qu'il eft poffible, aux progrès de la contagion, mais encore pour leur adminiftrer les fecours que chacune d'elles exigent, fuivant la violence du mal.

En Eté, lorfque la chaleur eft confidérable, l'infirmerie doit être grande & vafte, de manière qu'on puiffe y entretenir un air frais & circulant. En Hyver au contraire l'infirmerie doit être petite, bien couverte & peu élevée, de manière qu'elle foit plutôt chaude que froide ; cependant on ne doit pas négliger d'en renouveller l'air, mais avec précaution ; il importe de procurer ces renouvellemens d'air une fois par jour, en ouvrant la porte & les fenêtres à l'heure la plus tempérée du jour, durant un quart d'heure : au contraire en Eté tout doit être ouvert, afin de procurer quelques fraîcheurs, ainfi qu'un renouvellement d'air continu : cette opération eft d'autant plus néceffaire, que pour peu qu'on la néglige, l'air fe corrompt au point qu'il en contraête une puanteur infupportable. Pendant les extrêmes grands froids, où il eft dangéreux de donner l'enrée à l'air extérieur, on prend un autre parti, qui eft celui de parfumer l'infirmerie avec la compofition fuivante.

Prenez, deux livres graine ou baye de genièvre, que vous pilerez dans un mortier, enfuite vous y mêlerez une livre fel de nitre, deux onces de foufre-vif qu'on aura auparavant mis en poudre fine ; mêlez le tout très-exaêtement, & verfez deffus peu-à-peu ce qu'il faut de fort vinaigre pour en former une pâte folide.

Dans le moment qu'on veut parfumer le local on place à l'un & à l'autre bout un réchaud rempli de charbon allumé, fur lequel charbon on met une petite boule de cette compofition, qui doit être de la groffeur d'une groffe noix ; cette boule brûle aifément & rend beaucoup de fumée, qui n'eft point cependant capable d'incommoder les perfonnes ni les animaux malades, mais qui eft l'unique remède pour corriger l'air corrompu : on peut faire ce parfum matin & foir ; ces parfums doivent également être faits dans les bergeries où féjourne le troupeau qui n'eft point malade , comme préfervatif.

J'ai déjà dit ci-deffus que la picote d'un troupeau fe communique en différentes façons, foit par l'air, foit par les pâturages , foit par les communications quelconques ; il eft furprenant qu'on faffe fi peu d'attention à cette vérité , & qu'il y ait fi peu de règles pour prévenir les funeftes effets de cette communication. On devroit obliger tout métayer ou propriétaire, qui a fon troupeau affecté de cette maladie , de le tenir dans le centre de fes poffeffions, & d'avertir même fes voifins pour qu'ils n'approchent pas leur troupeau de fes limites. Tous les chemins publics, ainfi que toutes les foires, devroient être interdites aux troupeaux malades ; on devroit encore punir très-févérement ceux qui n'ont pas le foin d'enterrer dans des foffes profondes les animaux morts de la picote, ou bien de toute autre maladie contagieufe ; c'eft cependant à quoi on contrevient tous

les jours ; les cultivateurs tant par indiffé-
rence, que par pareffe, vont porter les bêtes
mortes, à quelques diftances de la bergerie,
fans les y enterrer ; il arrive que les chiens
des métairies courent fur ces charrognes, &
rapportant dans ces métairies même, dans
les hameaux, ou bien dans leur chenil, les
reftes de leurs voracités. C'eft ainfi qu'ils
envéniment les herbes, la paille ou le foin
fur lefquels ils portent fouvent de pareils dé-
bris, & qu'ils procurent la maladie aux brebis
faines qui vont paître au même lieu. Il arrive
de même à raifon des maladies contagieufes
des bêtes à groffe corne.

Il feroit donc utile & avantageux que ceux
qui font chargés de la police vouluffent bien
remédier à de tels inconvéniens, & répri-
mer des abus fi préjudiciables à la branche de
commerce, la plus utile & la plus avantageufe.
Ce font ces animaux en effet qui fourniffent à
nos vêtemens & en partie à notre fubfiftance ;
ils forment la vraie richeffe de l'Etat, & ce
feroit s'aveugler fur nos véritables intérêts,
que de négliger tout ce qui peut en conferver & multiplier l'efpèce.

On doit faire fon poffible pour préferver
les animaux fains de la picote ; premièrement,
il faut fuivre tout ce que j'ai indiqué ci-deffus ;
fecondement, il faut fe procurer de petits
auges de bois large, d'un pam au plus à leur

extrémité fupérieure , & d'un demi pam au plus dans leurs parties baffes ; plus, ils feront longs & meilleurs , du moins les multiplier relativement au plus ou moins grand nombre des animaux qui compofent le troupeau ; on mettra dans ces auges une poignée de fon par bête , & plein une cuilliere à bouche rafe , de la compofition fuivante , par poignée de fon , ayant foin de les mêler bien exactement ; enfuite , vous y mettrez le troupeau , c'eft-à-dire, la quantité qui peut y entrer & y manger enfemble ; ceux-ci ayant mangé leur ration , on regarnira les auges comme la première fois , pour y ramener une feconde quantité de troupeaux. On continuera ainfi fucceffivement jufqu'à ce que chaque animal ait mangé fa ration : cette opération doit fe faire le matin , & on ne doit donner enfuite à manger à ces animaux que deux heures après , ni même les fortir avant l'expiration de ces deux heures. S'il arrive quelquefois , quoique chofe très-rare , que quelques-uns de ces animaux refufaffent d'en manger , alors on feme fur le fon quelque peu d'avoine , ce qui ne manque pas de les exciter à manger , même avec avidité ; il faut continuer ce travail pendant trois jours de fuite , laiffez après ces trois jours deux jours d'intervalle , enfuite continuez pendant trois autres jours de fuite ; on peut continuer même plus long-temps, ce qui n

feroit .que mieux , alors il ne faudroit donner que la moitié dofe de la compofition
par animal , fans diminuer celle du fon.

COMPOSITION.

Procurez-vous fept onces de fel marin par
bête à laine , mettez ce fel dans un pot de
fer , placez ce pot fur un grand feu , de manière qu'il rougiffe , remuez fans ceffe le fel
pour qu'il fe deffeche & qu'il blanchiffe , par
ce moyen il perdra toute fa flactuofité & fes
mauvaifes qualités , c'eft ce qu'on appelle des
flagrés. Etant ainfi bien préparé , mettez-le
dans un mortier , pilez-le , & le réduifez en
poudre fine , enfuite vous ajouterez à ce fel
ainfi préparé une once de fouffre vif , par
fept onces de fel, que vous aurez mis auparavant en poudre très-fine. Pour que le mê-
lange foit plus exact, paffez le tout enfemble
par un tamis de crain ; confervez cette poudre
dans un petit fac de toile , en lieu fec , pour évi-
ter que l'humidité ne la mette en fonte ; voilà
en peu de mots tout ce qui peut conferver
& préferver un troupeau de la picote & de
beaucoup d'autres maladies.

Le cours de la maladie fournit plufieurs
indications fur le choix des remèdes qui lui
font propres , & préfente trois objets à rem-
plir : aider la nature dans l'éruption, conduire

cette éruption à une fuppuration louable, &
préferver de l'infection les animaux qui n'en
font point attaqués ; ce dernier objet fera
toujours rempli, en exécutant ce que je viens
de prefcrire. Une éruption favorable préfage
toujours une iffue heureufe, c'eft la raifon
pour laquelle les remèdes qui foutiennent la
chaleur au degré naturel, qui réfiftent à la
pourriture, qui facilitent les digeftions, qui
foutiennent la fecrétion & excrétion des
fueurs & des urines, doivent avoir la pré-
férence. Tels font en partie les remèdes
fuivans.

Le foufre vif en poudre impalpable, le
fel marin fur-tout, la fumeterre, l'abfinthe,
la racine du gentiane, le kinkina, le nitre,
&c. font d'une très-grande reffource, pourvu
que leurs emplois foient donnés & doffés à
propos ; il eft également effentiel d'aider l'ex-
pulfion du virus par toutes les voies naturelles.
Les fecrétions doivent donc être excitées,
celle des urines principalement, tant parce
qu'elle eft une des plus abondantes, que par
la connexion qu'elle a avec tout ce qui fe porte
à la peau ; ces objets feront remplis par les
remèdes propofés ; on fait que la tranfpiration
diminuée ou totalement fupprimée augmente
plus ou moins les accidens : c'eft pourquoi
le fel marin, quant à ces animaux, a toujours
été le diurétique le plus efficace, il a d'ailleurs

la propriété de modérer l'inflammation ; car
fi elle montoit à un degré trop confidérable,
loin de produire la fuppuration, elle y feroit
obftacle, & fe termineroit par la gangrene.
Le foufre eft encore le baume le plus
efficace pour les poumons; il réfifte à la pourriture, & la détruit quand elle n'eft pas portée
à un trop haut degré. Le fel marin, indépen-
damment de ce que j'en ai dit plus haut,
purifie le fang, fond & évacue les glaires
crues qui font contenues dans les eftomachs,
il picotte les membranes de ces mêmes parties & facilite les digeftions ; il aiguife
l'appétit, rétablit le goût en augmentant la
chaleur naturelle, & foutient les forces de
l'animal.

J'ai obfervé que dans les cantons limitrophes
de la mer, où les marais falés font abon-
dans, où les troupeaux vont ordinairement
dépaître, on ne reconnoît prefque jamais
ni picote, ni gamige, ni gale, ni aucune
maladie d'artreufe ; tout prouve combien le
fel marin eft bienfaifant & falutaire à cette
forte d'animaux ; ainfi on ne doit pas en
négliger l'ufage.

Paffons à l'état de la maladie. Lorfqu'on
apperçoit qu'un mouton ou brebis font attaqués de la maladie, on doit les féparer des
autres avec les précautions énoncées ci-deffus,
on doit enfuite leur adminiftrer le bol fuivant.

Soufre vif en poudre impalpable , huit grains ; sel marin , également en poudre , deux dragmes , l'une & l'autre mêlés , avec ce qu'il faut conserve de rôse rouge pour un bol.

Donnez sur le champ , par-dessus le bol plein un verre de l'infusion suivante , un peu tiède.

Dans une livre d'eau bouillante faites infuser hors le feu deux pincées de fumetèrre pendant un quart d'heure , ensuite tirez-là au clair.

Si on n'est pas à portée de se procurer les bols ci-dessus , on y substituera le petit remède suivant. Dans deux livres de bon vin & une livre d'eau mêlés ensemble , on fera bouillir trois dragmes racine desquine , qu'on aura auparavant concassé jusqu'à diminution d'un tiers du liquide ; on trempera dans cette décoction des tranches de pain épaisses & larges de deux doigts , sur chaque tranche on étendra plein une cuilliere à café de sel marin , qu'on aura auparavant égrugés , & on fera avaler à l'animal malade une de ces tranches le matin , & une seconde le soir , si on le croit nécessaire.

Continuez constamment cet usage tous les matins jusqu'à la guérison , c'est-à-dire , jusqu'à ce que les boutons varioliques ayent achevé de suppurer ; mais dès qu'ils commenceront à sécher , on cessera l'usage du bol &

du breuvage ci-deſſus. Pour remettre inſenſiblement l'animal à la nourriture ordinaire,
en commençant à lui donner inſenſiblement
du ſon humecté, avec un peu d'eau ſalée;
car ce n'eſt qu'après ce début & graduelle-
ment qu'on le remettra à la nourriture ſolide
comme à ſon ordinaire.

Paſſons au ſecond état de la maladie,
plus dangéreux que le premier. Lorſque les
boutons de la picote ont acquis une cer-
taine groſſeur, & qu'au lieu de ſe maintenir
dans une forme ronde & pointue, ils s'ap-
platiſſent ſans ſuppurer, c'eſt alors une preuve
que la matière rentre & que la nature manque
de force. Pour la ſoutenir à cette partie de
dehors où elle l'avoit pouſſée par ces pre-
miers efforts. Il faut en pareille circonſtance
ſe hâter de la ſécourir, en donnant le petit
breuvage ſuivant.

Faites légèrement bouillir dans quatre
gobelets d'eau & un gobelet de vin, pendant un quart d'heure, mêlez enſemble dans
un pot de terre ou cafétière, *idem*, une
dragme d'ariſtoloche ronde concaſſée, une
dragme baye de génièvre écraſée, une dragme
racine de gentiane, enſuite paſſez par un linge,
partagez cette quantité pour quatre breuvages,
vous en donnerez deux par jour, un le matin,
un ſecond le ſoir, & on continuera ainſi juſ-
qu'à ce que le virus ſe ſoit reporté à l'extérieur;

enfuite on quittera cet ufage pour y fubfti-
tuer le remède fuivant.

Dans une pin'e d'eau, mefure de Paris,
on fera bouillir à petits bouillons, pendant
une heure, fix onces racine de fcorfonere,
qu'on aura auparavant coupée en morceaux,
tirez-là enfuite au clair, ajoutez dans un gobelet de cette décoction une demie once de fel
commun, pour an breuvage qu'il faut donner
le matin, ce qu'on continuera jufqu'à ce que
la fuppuration des boutons foit terminée.

Paffons au troifième état de la maladie, qui
eft un état dangéreux; fi les boutons deviennent d'une couleur pourprée, tirant fur le
violet, ce font alors les avant-coureurs de
la gangrene, lors de ces fymptômes fâcheux
l'animal a un battement des flancs, & éprouve
une g ande difficulté à refpirer, la fievre s'allume
l'animal eft abattu & a beaucoup de peine à
fe foutenir; en ce cas il n'y a point du temps
à perdre, il faut fe hâter de donner le remède fuivant.

Kinkina de la meilleure efpèce, mis en
poudre fine, une dragme; fix grains fel d'abfinthe; trois grains de camphre; dix grains fel
de nitre; trois grains poudre de vipère;
mêlez le tout & en formez un bol, en y
ajoutant peu-à-peu ce qu'il faut; firop d'abfinthe, à fon défaut un peu de miel, & fuc-

cessivement on lui donnera chaque fois un gobelet de la decoction suivante.

Mettez dans une cafétière une livre d'eau, ajoutez demi once racine de gentiane légerement écrasée, faites bouillir jusqu'à diminution d'un tiers, passez-là ensuite par un linge.

Si le cas est pressant, on réitere ce bol le soir, & on en continue l'usage jusqu'à ce que les symptômes soient disparus.

Passons au quatrième état de la maladie, qui est un état très-dangéreux; lorsque quelques-uns de ces animaux commencent à être atteints de la maladie, qu'ils paroissent absorbés, qu'ils ont le regard fixe & les yeux éteincelans, qu'ils ne trouvent point de position qui paroisse leur convenir, qu'ils ont la respiration gênée, le mouvement des flancs plus élevé qu'à l'ordinaire, & qu'en leur tatant la bouche on la trouve séche, âpre & brûlante, & qu'en tatant la peau aux parties où il n'est point de laine, qu'on la trouve chaude, séche & raboteuse, tous ces signes indiquent la plus vive inflammation, & annoncent que les viscères seront incendiés avant que l'éruption puisse se former ; dans ce cas il faut aussitôt saigner l'animal à la veine du col, lui tirer, s'il est robuste, quatre onces de sang, trois onces seulement s'il est moins

vigoureux ; quatre heures après on lui donnera deux gobelets de la décoction suivante.

Dans une pinte d'eau, mesure du pays,
faites bouillir une demie poignée d'orge en-
tier, jusqu'à ce qu'il commence à s'ouvrir ;
passez-le ensuite par un linge. Dans deux
gobelets de cette décoction, vous ferez fondre
trois dragmes de sel marin, un scrupul sel
de nitre, ce qui fait deux pincées, que vous
gorgerez à l'animal le matin ; une pareille dose
le soir, ce qu'il faut continuer tant qu'il y
aura inflammation.

Lorsque la vive inflammation sera cessée,
& qu'on comprendra qu'il ne reste que celle
qui est nécessaire pour hâter l'éruption, on
discontinuera les remédes ci-dessus, pour y
substituer le suivant, que l'on continuera à
leur faire prendre, aussi long-temps qu'il y
aura indication.

Mêlez ensemble un gobelet de vin & un
d'eau ; faites les chauffer jusqu'à bouillir,
retirez du feu & y mettre de suite une
pincée de fumeterre, pour y être infusée
pendant un quart-d'heure ; ensuite passez &
délayez dans le liquide, deux dragmes extrait
de genievre, pour un breuvage, qu'il faut
donner seulement une fois par jour.

Dans aucun cas, ni dans aucune circons-
tance de cette maladie, on ne doit jamais
donner de forts cordiaux aux bêtes malades,

dans l'intention de procurer l'éruption, c'eſt un uſage meurtrier que de trop échauffer ces animaux malades, dans le deſſein de pouſſer à la peau la malignité de la picotte.

Il ne faut pas non-plus choiſir une méthode purement rafraîchiſſante ; par ce contraſte on éteindroit les forces néceſſaires à l'animal ; on nuiroit à la ſéparation des particules, & on concentreroit le venin.

C'eſt à vous propriétaires à veiller ſur vos propres intérêts ; c'eſt à vous à inſtruire ceux que vous avez chargés, du ſoin & de la conduite de vos troupeaux. Faites leur entendre & comprendre ce que dit .& preſcrit ce mémoire ; c'eſt par ce moyen que vous vous épargnerez la peine de courir, demander du ſecours aux uns & aux autres, le plus ſouvent inutilement ; que vous ſerez vous même en état de préſerver vos bêtes à laine de ce fléau deſtructif, & de remédier à la maladie lorſqu'elles en ſeront attaquées.

Donné par le Citoyen Lonchampt, Artiſte-vétérinaire & ancien militaire, le 24 Pluviôſe, l'an troiſième de la République, une & indiviſible.